七个世界　一个星球

SEVEN WORLDS ONE PLANET

展现七大洲生动的生命图景

欧 洲

［英］丽莎·里根 / 文　孙晓颖 / 译

科学普及出版社
·北 京·

拥挤的欧洲大陆

　　欧洲的陆地面积在七大洲中排名第六，人口数量却位居第三，仅次于亚洲和非洲。大约有 7.5 亿居民生活在面积狭小的欧洲，可谓相当拥挤。这些居民改变了欧洲的面貌，如今荒野保护区的面积只占欧洲陆地面积的不到 4%，而欧洲广袤的森林仅剩下昔日的一半。尽管如此，欧洲丰富多样的自然环境仍然为一些神奇和珍稀的动物提供了家园。

● **国家数量：** 44 个　　● **面积最大的国家：** 俄罗斯　　● **面积最小的国家：** 梵蒂冈　　● **最长的河流：** 伏尔加河

- 冰雪覆盖的**阿尔卑斯山脉**是欧洲最长、最高的山脉之一，横跨**七个国家**。

- 欧洲有六个国家的领土跨越北极圈：**芬兰**、**丹麦**（格陵兰岛）、**冰岛**、**挪威**、**俄罗斯**和**瑞典**。

- **俄罗斯**横跨**欧亚大陆**。尽管大部分领土位于亚洲，但四分之三的人口都居住在欧洲部分的领土上。

- 夏季，欧洲南部和东部受**热浪**和**干旱**困扰。

寻找家园

欧洲大部分地区气候温和，夏季不太炎热，冬季也不太寒冷。如果动物们能在此找到生存空间，或者适应与人类共存的状态，那么这里会是它们理想的栖息地。

● **最大的湖泊：**拉多加湖（位于俄罗斯境内）　● **最高峰：**厄尔布鲁士峰（位于俄罗斯境内）

欧洲概览

欧洲大部分地区气候温和湿润，四季分明。墨西哥湾暖流带来的温暖海水使欧洲一些国家一年之中大部分时间的气温都在冰点以上，甚至北极圈以北的一些海岸都常年不结冰。总的来说，欧洲大陆郁郁葱葱，拥有各种各样的林地和森林、大片的湿地，以及一些令人惊叹的峡湾与山脉。

欧亚水獭生活在欧洲大部分地区的河流与湖泊里。

驼鹿是体形最大的鹿科动物。

北极海鹦在欧洲北部的许多海岸安家筑巢。

人类的掠夺

从前，欧洲 80% 的陆地被森林覆盖，不计其数的野生动物在无边无际的荒野上自由自在地活动。如今，这里的绿地越来越少。每当夜幕降临，整个欧洲大陆都灯火通明，人类的居住版图一目了然。

欧洲仍保留着一些美丽的野生动物保护区，如斯洛文尼亚的特里格拉夫国家公园。

伊比利亚猞猁

学名：*Lynx pardinus*

分布：西班牙

食物：兔子、鸟类

受到的威胁：栖息地丧失、猎杀、食物匮乏

受胁等级 *：濒危

特征：伊比利亚猞猁的体长约为家猫的两倍，体重约为家猫的三倍。其面部的领环比其他猞猁长得多，浅灰褐色的毛皮上有明显的深色斑点。相比于其他种类的猞猁，伊比利亚猞猁生活的地区位置更靠南，气候更暖，因此它们的毛也更短。

伊比利亚猞猁仅生活在西班牙西南部几个很小的区域。

* 关于受胁等级的说明，请参阅第 44 页。

需要救助的物种

　　伊比利亚猞猁是体现人类如何影响周遭生物命运的一个最典型的例子。在不到 20 年的时间里，这种猞猁的数量减少了近 90%，野外一度仅存 94 只。不过，在动物保护组织的努力下，它们的数量有所回升，已经超过了 700 只。未来的命运将会如何犹未可知，但至少目前它们得到了救助。

扫码看视频

它们吃什么？

它们主要的食物是兔子。如果捉不到兔子，就吃鸟类（鸭子、鹌鹑和山鹑），有时候也吃小鹿。不过总的来说，猞猁的食物中 90% 是兔子。

它们吃多少？

为了维生，一只猞猁每天需要吃一只兔子，而带着幼崽的猞猁妈妈则需要更多——每天至少三只。

它们的生存为何备受威胁？

人类侵占了它们赖以生存的荒野。公路分割了它们的领地，对它们来说，穿越公路是很危险的。大量的兔子死于疾病，使得猞猁面临食物匮乏的困境。此外，它们还因美丽的毛皮而遭到非法捕猎。

扫 码 看 视 频

8

猞猁妈妈一次可能会产下三只幼崽，但往往只有一到两只能存活。

在可以吃肉之前，猞猁宝宝会待在洞穴里，以妈妈的乳汁为食。

小猞猁会先尝试短时间离洞外出。它们的洞穴一般在树洞或岩缝石洞内。

猞猁妈妈独自抚养幼崽。为了避免被捕食者发现，猞猁妈妈会将它们从一个洞穴转移到另一个洞穴。

猞猁与狞猫

世界上有四种猞猁，伊比利亚猞猁只是其中之一。一般来说，猞猁是背部毛皮长有花纹而胸腹部毛皮呈白色的中型野生猫科动物。它们耳朵尖上的两簇黑毛尤为醒目。真正的猞猁，脸部下方长着长长的胡须。它们的视觉和听觉非常灵敏，有助于捕猎。它们会发出各种叫声，比如嘶嘶声、哼哼声，也会哀嚎和吼叫。

欧亚猞猁

欧亚猞猁是体形最大的猞猁，广泛分布在欧洲多个地区。它们通常在黄昏或黎明时分捕食鹿和更小的哺乳动物。它们擅长攀爬，经常趴在岩石或树梢上等待猎物。

短尾猫

短尾猫是北美洲最常见的野生猫科动物，分布在美国和加拿大。其体形比加拿大猞猁小，因尾巴短而得名，毛皮上有斑点和条纹图案。

狞猫

狞猫又叫沙漠猞猁，但这种沙色的猫科动物并不是猞猁。它们属于狞猫属而非猞猁属。虽然和猞猁一样，它们的耳朵尖也长有两簇毛，但其面部没有领环，尾巴更长。

加拿大猞猁

加拿大猞猁的分布遍及整个加拿大，并向南延伸至美国境内的部分地区。其体形比欧亚猞猁小，尾巴很短，而且尖端呈黑色。大大的脚掌可以帮助其在雪地上行走而不陷进去。

麝牛

学名：*Ovibos moschatus*

分布：从格陵兰、加拿大北部重新引入挪威

食物：草和其他植物

受到的威胁：气候变化

受胁等级：无危

特征：麝牛虽然看上去像野牛，但跟山羊和绵羊的亲缘关系更近。它们肩高 1 ~ 1.5 米，重量可达 300 千克以上。雌性的体形一般比雄性略小。雄性和雌性都长着又长又弯的角，两只角在头顶正中会合。角的基部膨大，仿佛形成一个坚硬的"头盔"。雄性在打斗时，就是用头的这个部位互相撞击的。

它们是独居动物吗？

不，它们是群居动物。每个麝牛群都由雄性和雌性共同组成，数量通常为二三十头。群居既有助于保护小麝牛，也有助于一同抗寒保暖。

御寒冬衣

这些毛茸茸的麝牛很适应北极的生活。它们的"冬衣"有两层：外层是长长的针毛，里面还有一层短毛帮助保暖。针毛几乎长及地面，使麝牛看起来比它实际的体形大得多，而短毛会在夏季脱落。

麝牛群以苔藓、地衣、草和北极柳为食。

它们怎样保护小麝牛？

成年麝牛围成一个圈，让小麝牛待在中间。成年麝牛面朝圈外，用自己的角作为防御的武器。

它们一胎产几头小麝牛？

雌性麝牛每胎只产一头小麝牛。小麝牛几乎一出生就能行走和奔跑，几小时内就能跟上麝牛群。

它们发出怎样的声音？

小麝牛发出"哞哞"的叫声。成年麝牛相互"哼哼"，如果离得远，它们会发出低沉的隆隆声或者咆哮声。

雄性麝牛的体重
接近 500 千克。

交配季节

每个麝牛群都有一头成熟的雄性作为"首领"。它会和麝牛群中的雌性繁殖后代，并负责保护麝牛群。雄性麝牛经常为争夺首领地位而打斗，场面惊心动魄，非常嘈杂，常常以两败俱伤甚至头破血流收场。

小麝牛出生后的头几个月以妈妈的乳汁为食。

迎头撞击

雄性麝牛进入发情期时，会为了争夺配偶而相互较量一番。体形相近的雄性麝牛摆好与对方打架的架势，然后迎头冲向对方，牛角相撞。它们可能要激战 20 个回合才能分出胜负。

这些是棕熊。它们曾遍布整个欧洲，但如今，它们的活动范围受到限制，比原来小得多。

这张照片拍摄于芬兰的森林，这里仍生活着大约 1 500 只棕熊。

棕熊也生活在北美洲和亚洲。

躲到安全的地方去！

1 棕熊妈妈警惕地四处张望。如果附近有雄性棕熊出没，她的宝宝就可能会有危险。

2 棕熊宝宝正在开心地玩耍和探索。

4 快爬到树上去！那里是最安全的地方。

3 啊，不好！有一只巨大的雄性棕熊朝这边走过来了。

5 "妈妈！我可以下去了吗？"

守护幼崽

　　棕熊妈妈必须保护小棕熊免受狼和其他熊类的伤害。雄性棕熊如果发现了小棕熊，可能会对其进行攻击，因为雄性棕熊会把所有非亲生的后代都视为对自身血统的威胁。不过，小棕熊可是爬树能手，可以迅速爬到雄性棕熊鞭长莫及的高度。小棕熊不能从树上下来得太快，否则棕熊妈妈为了它们的安全，还得赶走雄性棕熊。

扫码看视频

北方棕熊

这些强壮的棕熊是世界上分布最广泛的熊科动物。体形最大的棕熊是美国阿拉斯加的科迪亚克岛棕熊和俄罗斯的堪察加棕熊。它们健硕的身材得益于春夏时节丰盛的鲑鱼大餐。相比较而言，欧洲棕熊的体形稍小。

棕熊可以轻松地用后腿站立，以便将周围的环境看得更清楚。

棕熊妈妈一胎产几只幼崽？

棕熊妈妈一胎最多产三只幼崽（偶尔会产四只）。

棕熊冬眠吗？

它们冬季冬眠，春季再重新出来活动。不过棕熊在冬眠期间不会完全进入深度睡眠。这个时期，棕熊妈妈会在洞穴中产崽。

棕熊为什么打架？

雄性棕熊有自己的领地。它们用气味做标记，以警告其他雄性棕熊远离此地。如果两只雄性棕熊相遇，它们往往会打架。不过这取决于它们的体形，体形较小的雄性会避免与体形较大的雄性发生冲突。

棕熊

学名： *Ursus arctos*

分布： 欧洲、亚洲北部、北美洲西北部

食物： 植物、哺乳动物、鸟类、昆虫、鱼类

天敌： 偶尔会遭到其他熊类或狼的攻击

受到的威胁： 捕猎、营建（比如公路和农场）

受胁等级： 无危

特征： 棕熊身强体壮，是世界上最大的陆地食肉动物之一。棕熊的熊掌很大，前面长着又弯又长的爪子，有利于挖掘和攀爬。欧洲棕熊的平均身高可达 2 米，体重在 100 ～ 400 千克之间，大多独居。它们最显著的特征之一是肩背部的隆起。它们的头很大，口鼻部长，但眼睛和耳朵比较小。

野生仓鼠

这个脸颊鼓鼓的小动物是一只原仓鼠，它和常见的家养宠物——仓鼠有着亲缘关系。原仓鼠生活在野外，住在地下的洞穴里。在奥地利维也纳的墓地常常能看到它们寻找美食的身影。它们将食物存放在自己的大颊囊中，并且能把重量相当于自身体重四分之一的东西运回洞穴。

关于门牙

仓鼠用自己的大门牙一点儿一点儿地啃咬食物。因为它们的牙齿会不停地生长，所以不断地啃咬有助于打磨牙齿，并让牙齿保持合适的大小。

不容侵犯

野生仓鼠的领地意识很强，它们通过战斗赢取和维护领地，以及领地内的一切美味。

原仓鼠

学名： *Cricetus cricetus*

分布： 西欧至俄罗斯东部的部分地区

食物： 植物、种子、昆虫

天敌： 猫、狗、狐狸、白鼬、欧洲獾、猛禽

受到的威胁： 栖息地丧失、气候变化、光污染

受胁等级： 极危

特征： 又叫普通仓鼠、欧洲仓鼠或黑腹仓鼠。这种啮齿动物的毛皮以棕色为主，上面有一些白色斑块，胸部和腹部是黑色的。它们长着大耳朵、大眼睛。脸上又直又硬的胡须可以帮助它们在黑暗中探路。

扫码看视频

原仓鼠比宠物仓鼠大得多，体形更类似于豚鼠，体长可达 30 厘米。

它们喜欢吃花朵。

觅食时间

1 让我看看今天有什么好吃的?

2 美味的蜂蜡!能量满满!

3 里面还有什么?

4 让我钻进去仔细瞧瞧。

5 再往里点儿……

6 啊!被卡住了,真尴尬!

极危

原仓鼠的数量正在急剧下降，科学家们对这一物种的未来深感担忧。有研究表明，它们产崽的数量比以前少很多。

它们的寿命有多长？

它们的寿命不长，平均只有两年，但在短暂的一生中它们能繁衍很多后代。

幼崽出生时什么样？

原仓鼠通常一胎生三到七只幼崽，幼崽刚出生时眼睛是闭着的。

它们住在哪儿？

原仓鼠生活在乡村的田间草地里。它们的适应能力很强，因此也会搬到靠近人类的地方生活，比如墓地、果园，甚至花园。

与其他啮齿动物不同，原仓鼠的尾巴非常短。

25

这些雄伟的大鸟是白鹈鹕。

每年，数以百万计的白鹈鹕聚集在位于罗马尼亚和乌克兰边境的多瑙河三角洲湿地。

它们从亚洲和非洲出发,飞行几千千米才到达这里。

每年的繁殖季节,全球一半以上的白鹈鹕都齐聚在此。

白鹈鹕

学名：*Pelecanus onocrotalus*

分布：中国、罗马尼亚、乌克兰、中东部分地区、非洲和印度

食物：以鱼类为主，也吃甲壳类动物、蝌蚪、乌龟和小鸟

受到的威胁：栖息地丧失、环境污染及危险的空中电缆

受胁等级：无危

特征：白鹈鹕表面的羽毛洁白无瑕，翅膀下方藏着黑色和灰色的羽毛。它们的腿和脚都是粉色的。巨大的喙色彩艳丽，上蓝下黄，中间有红色条纹，末端还有一个红色的钩。眼周无毛，呈粉色或黄色。

飞翔的奇观

在多瑙河三角洲能看到两种鹈鹕：白鹈鹕和卷羽鹈鹕。白鹈鹕的喙是所有鸟类中最大的，它们也是世界上体形最大的飞鸟之一。尽管体形巨大，它们仍然可以优雅而有力地飞翔在空中。人们经常可以看到它们排成"V"形飞过头顶。

白鹈鹕的喙为什么这么大？

便于它们从水中捞鱼。喙下部的喉囊有弹性，能延展，可容纳好几升水和大量的鱼。

小白鹈鹕长什么样？

小白鹈鹕表面的羽毛是深灰褐色的，翅膀下方的羽毛也是深色的。

它们如何捕鱼？

一小群白鹈鹕排成马蹄形，将鱼群赶到浅水区。这样它们就可以更轻松地把鱼舀进嘴里。

它们为什么长脚蹼？

白鹈鹕的脚是全蹼足，即四个脚趾间都有蹼。脚蹼不仅有助于游泳，还能帮助它们飞离水面。

侏鸬鹚

学名： *Microcarbo pygmaeus*

分布： 欧洲、亚洲

食物： 鱼类

受到的威胁： 捕猎、环境污染、栖息地被破坏

受胁等级： 无危

白鹈鹕甚至会让侏鸬鹚把已经吃掉的鱼吐出来。

受气的侏鸬鹚

　　多瑙河三角洲也是侏鸬鹚的家园。这些独特的黑色鸟类吃的食物和白鹈鹕相同，但它们和白鹈鹕争抢食物时常常处于下风。白鹈鹕不仅欺负侏鸬鹚，还偷走它们的食物。

独特的灵长类动物

这是地中海猕猴。在猴子的世界里，它们非常特别。它们是唯一一种生活在亚洲以外地区的猕猴，是欧洲和撒哈拉沙漠北部地区唯一一种除人类以外的野生灵长类动物。欧洲的地中海猕猴主要生活在直布罗陀。

地中海猕猴

学名：*Macaca sylvanus*

分布：直布罗陀、阿尔及利亚和摩洛哥

食物：果实、花、种子、叶子，有时也吃昆虫、蜗牛、蠕虫和蛙类

受胁等级：濒危

为什么也被称为直布罗陀猿？

这种动物几乎没有尾巴，所以容易被当成猿类，因为猿也没有尾巴。不过，地中海猕猴属于猴科。

它们是夜行性动物吗？

不，它们是白天活跃的昼行性动物。它们会在黄昏时分聚在一起，一小群一小群地扎堆睡觉，猴妈妈会带着猴宝宝睡觉。

一胎产几只小猕猴？

雌性地中海猕猴一胎只生一只小猴，有时也会生双胞胎，但这种情况并不多见。猴妈妈会和小猴一起生活一年，负责照顾它。

绑架危机！

1 妈妈的怀抱舒服又安全。

2 可是有一只成年猕猴想伺机偷走猴宝宝。

3 小猴一旦单独行动，就很容易被抓走。

4 "救命啊！你不是我妈妈！放开我！"

5 聪明的猴妈妈尝试给"绑匪"梳理毛发。这一招奏效了！小猴得以重回妈妈的怀抱。

和平共处

扫码看视频

直布罗陀生活着八个地中海猕猴群。

直布罗陀鸟类学暨自然史学会（GONHS）喂养并照顾这些地中海猕猴。

尚不清楚它们是如何从非洲老家来到直布罗陀的。

梳理毛发对地中海猕猴来说至关重要，这是它们和平共处的一种方式。无论地位高低，所有猴子都喜欢被梳理毛发。梳理毛发可以帮助它们放松和增进感情，而主动帮别的猴子梳理毛发是一种赢得好感或换取其他利益的手段。

上层社会

地位对猕猴至关重要。猕猴群中有着严格的尊卑秩序，个体的社会地位高低分明，并且是世袭的，低等猕猴的后代地位也是低等的。

你知道吗？

● 地中海猕猴的寿命可长达 30 年。

● 雄性体形通常比雌性大。

● 雄性和雌性都会照顾小猴。

● 互相梳理毛发可以帮助它们建立并加强社会联系。

多种多样

这些是豚尾猕猴，又叫猪尾猕猴。

有些猕猴是杂食性的，既吃植物又吃肉，有些猕猴则只吃水果。它们和人类一样，大拇指可以与其他四指对握，这样更容易抓握食物。

食蟹猕猴生活在东南亚。它们的确偶尔会在海滩上找螃蟹吃，但其实它们更喜欢吃水果和种子。

世界上有大约 23 种猕猴。猕猴属于旧大陆猴，即生活在亚非欧而不是美洲的猴科动物。相比于新大陆猴，旧大陆猴通常体形较大，尾巴较短，鼻孔朝下。猕猴在旧大陆猴中属于体形较小的。

猕猴图鉴

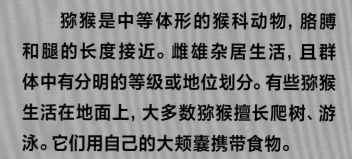

猕猴是中等体形的猴科动物，胳膊和腿的长度接近。雌雄杂居生活，且群体中有分明的等级或地位划分。有些猕猴生活在地面上，大多数猕猴擅长爬树、游泳。它们用自己的大颊囊携带食物。

食蟹猴

猕猴中体形最小的物种之一。尾巴极长，甚至能超过身长。

日本猴

别名雪猴，生活在日本大部分时间都被积雪覆盖的森林里，会泡温泉取暖。

藏酋猴

体形最大的猕猴，仅生活在中国。随着年龄增长，它身上原本棕色的皮毛会逐渐变得更浅更灰。

普通猕猴

生活在很多南亚国家。脸部和臀部都是红色的。它们习惯与人类共处，经常出没在老旧建筑的周围。

狮尾猴

它们生性害羞，所以并不多见。这种神奇的生物因为长着又细又长的簇状尾巴和像狮子一样长有鬃毛而得名。

斯里兰卡猴

别名绮帽猕猴。这种猴子很容易辨认。它们头顶有一簇旋毛，看上去像戴了一顶假发或帽子，它们也因此而得名。

它们的毛皮是黄褐色和黑灰色相间的，夏季时略微泛红。

意大利狼（别名亚平宁狼）是灰狼的一个亚种。

在 1971 年被列为受保护物种之前，意大利狼的数量极少。

除了生活在意大利，还有一些意大利狼分布在法国和瑞士。

难得一见

意大利狼的群居规模较小，一个狼群最多有六七只狼。它们一般夜间外出捕猎，尤其是生活在人类居住区附近的狼群，会在夜色的掩护下出没，尽可能避开人类。

狼群一个晚上可以行进好几千米去寻找猎物。

扫码看视频

狼群如何捕猎？

它们借着夜色出其不意地进行伏击，然后从一群猎物中锁定一个目标，尝试追逐驱赶，使其落单。

它们多久捕一次猎？

狼群可以连续几天不吃东西，尤其是在食物匮乏的冬天。

鹿和狼谁跑得更快？

狼能快速而敏捷地在林地间奔跑，但在开阔的地方，鹿跑得更快。

意大利狼

学名：*Canis lupus italicus*

分布：意大利，以及法国和瑞士的小部分地区

食物：鹿、野猪、臆羚、野兔

受到的威胁：捕猎，尤其是农民为了保护家畜而进行的猎杀

受胁等级：全球范围内无危，但受到保护

特征：狼体格健壮有力，能袭击大型哺乳动物，比如鹿。狼是趾行动物，顾名思义，它们用脚趾奔跑，因此行动迅捷又悄无声息。毛茸茸的长尾巴可下垂指地或向上翘起，它们可能以此来和同伴交流。

灰狼家族

意大利狼与欧亚狼和加拿大森林狼等其他灰狼是近亲。一般而言，三者之中意大利狼的体形最小。

后代

母狼一窝产下的幼崽数量为二到八只不等。幼崽出生后至少需要喝一个月母乳。它们出生时闭着眼睛，要过 11 天或 12 天后才能睁开。

嗅觉灵敏

狼的鼻子极其灵敏，嗅觉很发达，这使得它们能够注意到其他动物留下的气味，有助于捕猎。它们会在自己到过的地方抓挠、大小便，以留下气味痕迹。

狼的叫声

狼不止会嚎叫，它们还会通过咆哮、哀鸣、吼叫、呜咽、龇牙狂吠来相互交流。当狼群聚在一起时，它们会发出一些轻柔的声音。

远方的呼唤

狼以嚎叫闻名，狼嚎是一种呼唤远方其他狼群或自己同伴的有效方式。

灰狼在北美洲被称为森林狼。

风险名录

世界自然保护联盟(IUCN)《受胁物种红色名录》收录了全球动物、植物和真菌的相关信息，并对每个物种的灭绝风险进行了评估。该名录由数千名专家共同编写，将物种的受胁水平分为七个等级——从无危（没有灭绝风险）到灭绝（最后一个个体已经死亡），名录中的每一个物种都被归入一个等级。

| 无危 | 近危 | 易危 | 濒危 | 极危 | 野外灭绝 | 灭绝 |

● **气候变化**正在使全球变暖，而欧洲变暖的速度比世界上其他地方还要快。**2019**年是有记录以来欧洲最热的一年。

● 欧洲正在遭受比以往更多的极端天气，比如**洪水**、**热浪**，人类和野生生物都深受其害。

● **鸟类**对环境变化极为敏感，一些令人担忧的变化往往能从它们身上看到迹象。近几十年以来，欧洲的鸟类物种数量减少了**三分之一**。

西班牙的阿尔梅里亚有超过 200 平方千米的温室大棚，是世界上最大的温室农业基地。

● 欧洲五分之一的鸟类面临灭绝的危险。

欧洲之困

　　人类行为极大地改变了欧洲大陆，这使得欧洲的野生生物前途未卜，很多动物面临生存威胁。农场、村庄、乡镇和城市占据了越来越多的土地，动物的栖息地被压缩，而且被公路和铁路分割得支离破碎。除此之外，气候变化导致气温上升、冰雪融化、海平面上升，这使一些动物被迫离开曾经的栖息地。

● 欧洲五分之一的动物面临灭绝的危险。

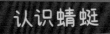

认识蜻蜓

● 蜻蜓是一种色彩艳丽的大型昆虫。它们在水中产卵，而且稚虫吃活物，如蝌蚪、昆虫和蠕虫。

● 蜻蜓成虫具备高超的飞行技巧。它们甚至能在空中悬停，还能向后飞。它们在空中捕食飞虫。

● 在欧洲，大约有 15% 的蜻蜓正面临生存威胁。据评估，蜻蜓的物种数量减少了四分之一以上。

● 在欧洲，蜻蜓面临的主要威胁是由于气候变化和人类活动导致的栖息地丧失。

动物危机

今天，欧洲有很多野生动物不得不和人类共居。最能适应这种生活的动物出没在城镇之中，其食物和居所都最大限度地取自人类的居住地。然而，这样的生活也给它们带来了新的挑战，比如如何隐藏踪迹，以及如何避免被碾压、驱逐和枪击。欧洲有超过 250 种哺乳动物，包括熊、野猪、鹿、水獭、野兔、狐狸、狼和猞猁等，其中有大约 15% 的物种处于濒危状态。在欧洲，大量的昆虫、鸟类、鱼类、爬行动物和两栖动物也在挣扎求生，其中有一些近年来甚至已经灭绝。

我们必须了解如何保护这些珍贵的生物和它们的家园。有了适当的爱护和关注，即便是最脆弱的物种也可以在我们的帮助下生存下来。

欧洲水貂属于极危物种。它们曾经遍布整个欧洲，但如今大部分地区已经无迹可寻。

希腊陆龟生活在欧洲东部和南部部分地区的野外环境中，在《受胁物种红色名录》中被列为易危物种。

包括冠欧螈在内的许多欧洲两栖动物的数量正在减少。

名词解释

光污染　过量的光辐射对人类生活及动物生存造成不良影响的现象。

喉囊　鸟类和一些爬行动物（如蜥蜴）咽喉部皮肤扩展下垂形成的囊状结构。

颊囊　啮齿类、灵长类哺乳动物口腔两侧颌与颊之间的袋状膜质囊。可在其中暂存食物。

旧大陆猴　是狭鼻猴类的另一种名称，因分布于亚洲和非洲而得名。鼻中隔狭窄，左右鼻孔开向前下方。

领环　鸟或哺乳动物颈部的一个形状或颜色显著的羽环或毛环。

峡湾　冰川谷地被海水淹没后行成的狭长、水深、两岸陡峭的海湾。

新大陆猴　是阔鼻猴类的另一种名称，因分布于中美洲和南美洲而得名。大多数种类鼻中隔宽阔，左右鼻孔相距较远。

趾行　哺乳动物中的一种行走方式，用前肢的指或后肢的趾的末端两节着地行走，如犬和猫等。